CORRELACION MAGNETICA

Modulacion Existencial.

Marcos Cervantes Janssen

CORRELACIÓN MAGNÉTICA

Modulación Existencial

Por: Marcos Cervantes Janssen.

LETRA ROJA

ÍNDICE:

PRÓLOGO:

La relación espacio energía existencial, únicamente tiene forma y circunstancia por la fuerza magnética que la relaciona; en esto se centra este escrito, más las aportaciones colaterales, serán de gran interés, para el estudio completo del tema.

Por lo cual, así mismo primero existo, y por tal motivo soy consciente al pensar.

La existencia, es quien incluye la individualidad relativa, en la eternidad absoluta, un absurdo para la temporalidad, más una realidad más que teológica para la eternidad.

La polarización en el magnetismo, da vida a la expresión, "Modulación magnética". Siendo esta la forma que define la energía en ella contenida; Digamos así, la mente de una estructura física, es llamada modulación magnética.

La correlación magnética de todo cuanto habita esta existencia es visible en la cinética constante del movimiento, y a esta modulación se le llama evolución, cuando sus sistemas toman formas más eficientes a través de la cronología existencial.

El obedecer a una evolución progresista es lo que determina la correlación magnética como expansiva e incluyente en todo cuanto se manifiesta.

Trataremos en este escrito la naturaleza magnética de la existencia, y su modulación como un consciente dinámico evolutivo, así pues le invito, a que preste atención, al mensaje abstracto y discierna con plena libertad. Buscaremos la correlación magnética que existe para modular nuestra existencia, a niveles estudiables y a su vez no estudiables, dentro del ámbito de la intuición creativa.

1 - LA CORRELACIÓN:

La correlación es una medida estadística que indica la relación entre dos variables. Se utiliza para determinar si existe una relación entre dos conjuntos de datos y, en caso afirmativo, qué tipo de relación es (positiva, negativa o nula).

La correlación puede ser calculada utilizando diferentes métodos, como el coeficiente de correlación de Pearson o el coeficiente de correlación de Spearman.

En general, cuanto más cercano sea el valor de la correlación a 1 o -1, mayor será la relación entre las variables, mientras que un valor cercano a 0 indica que no hay relación entre ellas.

La correlación magnética se refiere a la relación entre la señal magnética medida en una imagen de resonancia magnética (MRI) y la estructura anatómica del tejido.

La señal magnética se produce a partir de la interacción entre los campos magnéticos y los protones en el tejido.

La correlación magnética se utiliza en la interpretación de imágenes de MRI para identificar diferentes tipos de tejido y estructuras anatómicas.

Por ejemplo, la correlación magnética puede ayudar a identificar tumores o lesiones en el cerebro o en otros órganos.

La correlación **neutra** se refiere a la ausencia de relación entre dos variables. En otras palabras, cuando la correlación entre dos conjuntos de datos es cercana a cero, se puede decir que no existe una relación significativa entre ellos.

Esto puede ser útil en algunos casos, ya que puede indicar que ciertas variables no están relacionadas y, por lo tanto, no necesitan ser consideradas juntas en un análisis o modelo.

La correlación **negativa** se refiere a una relación inversa entre dos variables, lo que significa que cuando una variable aumenta, la otra variable tiende a disminuir.

Un ejemplo de correlación negativa podría ser la relación entre el tiempo de sueño y el nivel de estrés.

Si hay una correlación negativa fuerte entre estas dos variables, entonces es probable que las personas que duermen menos horas experimenten niveles más altos de estrés.

La correlación **positiva** se refiere a una relación directa entre dos variables.

Esto significa que cuando una variable aumenta, la otra también tiende a aumentar, y cuando una variable disminuye, la otra también tiende a disminuir.

En otras palabras, ambas variables se mueven en la misma dirección.

Un ejemplo de correlación positiva podría ser la relación entre la cantidad de horas de estudio y las calificaciones obtenidas en un examen: a medida que aumenta la cantidad de horas de estudio, también aumentan las calificaciones obtenidas.

Es de esta manera que sabiendo lo que significa correlación entendamos en la existencia, la importancia que es el relacionarse con quien pareciera es totalmente contrario a nosotros.

Es interesante como en toda nuestra realidad las matemáticas nos ayudan a comprender no solo el mundo material, sino también el mundo emocional y mental en el que vivimos.

2 - MAGNETISMO:

El magnetismo es una fuerza fundamental que se encuentra en todo el universo y es esencial para comprender muchos fenómenos cósmicos.

El magnetismo está presente en las estrellas, planetas, galaxias y otros objetos celestes.

Por ejemplo, el campo magnético de la Tierra es lo que nos protege de la radiación solar y cósmica, mientras que en las estrellas, el magnetismo puede generar llamaradas solares y otros eventos violentos.

Además, los campos magnéticos también pueden influir en la formación y evolución de las estructuras cósmicas, como las galaxias y los cúmulos de galaxias.

En resumen, el magnetismo es una fuerza fundamental que juega un papel importante en el universo y su estudio es esencial para comprender muchos fenómenos cósmicos, así como de la propia vida en este bello planeta.

Ahora bien, en un universo pensante e inteligente, la gravedad también tiene un comportamiento personal, así a través de la psicología podemos entender nuestra existencia de manera integral, e intimar de manera personal con la existencia en la cual habitamos, en un conjunto infinito.

El término "magnetismo psicológico" se refiere a la capacidad de una persona para influir en las emociones, pensamientos y comportamientos de los demás a través de su presencia, lenguaje corporal, habilidades comunicativas y otras técnicas psicológicas.

El magnetismo psicológico puede ser utilizado para establecer relaciones interpersonales saludables y efectivas, así como para persuadir a otros a adoptar una determinada opinión o comportamiento.

Sin embargo, también puede ser utilizado de manera manipulativa o abusiva, por lo que es importante utilizar esta habilidad con responsabilidad y ética.

Así el magnetismo es un fenómeno no solo espacial, o físico, sino de índole psicológica, emocional y manejado en todas las áreas de estudio ya sean científicas e incluso esotéricas.

La física cuántica revela una fuerte correlación entre el magnetismo científico y la vibración electro espacial de nuestras neuronas al pensar, este estudio es emocionante y de gran alcance.

3 - TEJIDO NEURONAL Y ESPACIAL:

Nuestras neuronas están dispuestas como un tejido altamente comunicado, esto es con correlación directa, constante y de naturaleza flexible. Un fuerte flujo de energía, reúne, mediante fuerzas hoy por fin conocidas, como campo mental electromagnético.

Este campo estructural de datos energéticos toma lugar físicamente en el ir y venir de nuestros neurotransmisores, generando una masa energética y una realidad mental en la cual habitamos, para desarrollarnos como verdaderos humanos.

Hago énfasis en el tejido espacial, con su enorme similitud con nuestra mente, por compartir la misma estructura de raíz, que es expansiva, y que pareciera no tener límite alguno.

De la misma manera que la mente humana evoluciona en expansión, es que los universos se expanden al infinito y a este maravilloso proceder le llamaremos en este ensayo, como modulación existencial. Pues así la fórmula definida y extraordinaria que se ejecuta para tal fin, será de dimensiones increíbles y complejas.

Lo visible de este asunto pareciese claro y de un orden perfecto, más la diversidad de formas infinitas siempre serán para la razón humana un caos por su complejidad, aun siendo de perfecta eternidad ordenada.

Tomaremos la parte material y mental de la existencia como un tejido orgánico en evolución.

El tejido neuronal y espacial se refiere a la organización y distribución de las células nerviosas en el cerebro y su relación con las funciones cognitivas y espaciales.

El tejido neuronal se compone de diferentes tipos de células nerviosas, incluyendo neuronas y células gliales, que trabajan juntas para procesar información y llevar a cabo funciones cognitivas como la memoria, el aprendizaje y la percepción.

El tejido espacial, por otro lado, se refiere a la forma en que el cerebro procesa y representa la información espacial, como la ubicación de objetos en el entorno y la navegación. El tejido neuronal y espacial están estrechamente relacionados y trabajan juntos para permitir el procesamiento de información compleja y la realización de tareas cognitivas complejas.

4 - TIEMPO MAGNÉTICO:

Los tiempos en el que el magnetismo actúa, determinan la velocidad de la evolución, el concepto tiempo magnético no es manejado, más sin embargo en este escrito le daré una interpretación personal, para la comprensión y estudio de la relación magnética con la modulación. El magnetismo marca líneas estructurales que fluctúan en la conformación espacial, más a través del tiempo debemos observar sus movimientos y nuevas formaciones.

Lo estático sólo existe en tiempos de lapsos muy amplios relativamente a otros. El tiempo magnético define la modulación que se obtiene en una línea de luz expansional, más las vertientes y diversidades de sus formas juegan un papel eterno, llamado destino relativo.

El magnetismo en el tiempo se refiere a la variación del campo magnético a lo largo del tiempo.

El campo magnético de la Tierra, por ejemplo, ha sufrido cambios significativos a lo largo de la historia geológica, y estos cambios pueden ser detectados y estudiados a través de los registros geológicos y paleomagnéticos.

Además, el magnetismo también puede ser utilizado para datar rocas y otros materiales geológicos a través de la técnica conocida como datación por paleomagnetismo.

En resumen, el magnetismo en el tiempo es un concepto importante en la geología y la física, y su estudio puede proporcionar información valiosa sobre la historia geológica y evolución de nuestro planeta.

4 - MODULACIÓN MAGNÉTICA:

La modulación magnética es la forma que la materia toma, a través de líneas magnéticas predispuestas por una inteligencia existencial que lo conforma todo, cada movimiento de energía en el universo obedece a esta modulación, incluyendo los pensamientos creativos de todos los seres involucrados en esta maravillosa acción.

La palabra "modulación" proviene del concepto de "moldear", y de manera similar, la energía eléctrica se moldea en una infinidad de flujos electro espaciales conocidos como conjuntos magnéticos. A través de este proceso de modulación magnética, se logra transmitir y manipular información de manera eficiente mediante la variación de la amplitud de la señal magnética.

La esencia de la existencia es la creación perpetua, basada en una transformación eterna, conocida como evolución. Para la ciencia la modulación magnética es una técnica de codificación de señales que se utiliza en la transmisión de datos.

Consiste en variar la amplitud de una señal magnética de alta frecuencia para representar información digital. La modulación magnética se utiliza en diversas aplicaciones, como en la grabación de cintas magnéticas y en la comunicación inalámbrica de datos en sistemas de control industrial y automatización.

Es interesante pensar en cómo la energía y las líneas magnéticas pueden ser vistas como una forma de moldear la materia y cómo todo en el universo está conectado a través de esta modulación.

También es cierto que la evolución y la transformación son conceptos fundamentales en la existencia, por lo cual son dignos de nuestro estudio.

Entendamos el funcionamiento neuronal, como una transferencia electrónica en el espacio, siendo así nuestras mentes generadores biológicos de una muy alta precisión y actividad constante.

La responsabilidad es nuestra, porque hoy sabemos que nuestros pensamientos afectan a nuestro alrededor, la distancia frecuencia y potencia, difiere por múltiples factores internos o externos de cada ser vivo en este gran conjunto de seres pensantes.

Cuidemos de los periféricos de entrada, oídos, tacto, gusto,olfato y visión, así como los de salida, boca extremidades y sobre todo celebro con sus pensamientos.

6 - CORRELACIÓN EXISTENCIAL:

Todo y todos en esta existencia tenemos en común líneas energéticas que nos unen en forma infinita, es entonces donde la forma responde a una única mente en expansión.

Nuestra misión como seres pensantes es sincronizar entre nosotros para entonces así despertar continuamente a la razón unificada del todo, es aquí cuando la libertad individual termina con la sujeción existencial del flujo evolutivo.

El único camino en el cual todo inicia y termina cíclicamente, es la naturaleza misma del existir en forma de vida infinitamente diversa en la eternidad del caos ordenado, el cual siempre existió creando los tiempos como cronología evolucionar eterna.

La correlación existencial es un término que se refiere a la interconexión y dependencia mutua entre todas las formas de vida y la naturaleza en el planeta.

Esta idea sugiere que todas las formas de vida están interconectadas y que cada acción que tomamos afecta a todo lo demás en el mundo natural.

La correlación existencial es importante porque nos recuerda que somos parte de un ecosistema más grande y que nuestras acciones tienen consecuencias en el mundo que nos rodea.

Es importante tener en cuenta esta interdependencia al tomar decisiones y actuar de manera responsable y sostenible para el bienestar del planeta y de todas las formas de vida que lo habitan.

EPÍLOGO:

La correlación es una medida estadística que indica la relación entre dos variables y se utiliza para determinar si existe una relación entre dos conjuntos de datos y qué tipo de relación es.

La correlación magnética se refiere a la relación entre la señal magnética medida en una imagen de resonancia magnética y la estructura anatómica del tejido, lo que ayuda a identificar diferentes tipos de tejido y estructuras anatómicas.

La modulación magnética es una técnica de codificación de señales que se utiliza en la transmisión de datos y consiste en variar la amplitud de una señal magnética de alta frecuencia para representar información digital.

La correlación neutra se refiere a la ausencia de relación entre dos variables, mientras que la correlación negativa se refiere a una relación inversa entre dos variables.

Estos conceptos están interconectados y se aplican en diferentes áreas de estudio, como la física, la psicología y la medicina.

Después de esto como información importante, te diré que es de vital importancia, la correlación magnética para una modulación existencial, pues sin relación alguna, las partículas en la existencia se aíslan y permanecen en reposo hasta ser parte de un sistema de vida en evolución.

Diré sin duda alguna que solo existen dos tipos de energía, la cinética y la estética, siendo la existencia la primera y la segunda, el origen estático de esta.

COMO INGENIERO EN TELECOMUNICACIONES, LA CORRELACIÓN ENTRE LAS PARTÍCULAS, DENOTA EN MI VIDA UNA COMUNICACIÓN CONSTANTE DE LA EXISTENCIA, EN MI EXPERIENCIA PERSONAL, LE ASEGURO QUE SUS PENSAMIENTOS INFLUYEN Y SON INFLUIDOS POR EL TOTAL A SU ALREDEDOR, LE INVITO A ENTRAR EN COMUNIÓN EXISTENCIAL.